AF321795

OFFICE SCIENTIFIQUE ET TECHNIQUE
DES PÊCHES MARITIMES
3, AVENUE OCTAVE-GREARD — PARIS

NOTES ET MÉMOIRES
N° 43

STATISTIQUE
des Régions de Pêches

Année 1924
(2ᵉ Semestre)

(En exécution des Conventions Internationales)

Ed. BLONDEL LA ROUGERY, Éditeur
7, Rue Saint-Lazare, 7
PARIS
Juin 1925

INTRODUCTION

Les statistiques des pêches maritimes françaises, éditées par le Sous-Secrétariat d'Etat des Ports, de la Marine marchande et des Pêches, contiennent un très grand nombre de renseignements sur les quantités des produits pêchés par nos navires, leurs points de débarquement, et sur les détails de l'armement français.

Par contre, ces statistiques ne fournissent pas de renseignements sur l'origine des produits pêchés ; et, par suite de l'extension du rayon d'action des chalutiers et des thonniers, il est devenu de plus en plus intéressant de savoir quelle est la valeur relative des différentes régions de pêche au point de vue de leur rendement.

Les statistiques étrangères comportent du reste, en général, des renseignements de cette nature.

Une Commission fut nommée, à la suite de demandes d'armateurs, pour envisager quelles étaient les modifications qui permettraient d'apporter ce complément utile à la statistique officielle.

C'est dans ces conditions que l'Office des Pêches, comprenant qu'il était de son rôle de fournir ces documents, a assuré la publication d'une statistique semestrielle par région de pêche.

A la suite d'une convention internationale, les mers limitrophes des côtes d'Europe, d'Afrique et d'Amérique ont été divisées en un certain nombre de régions, dont nous fournissons la liste détaillée plus loin. Chacune de ces régions porte un numéro d'ordre et, quand il y a lieu, contient des subdivisions désignées par des lettres.

L'Office des Pêches a fait imprimer une carte d'ensemble de la distribution des lieux de pêche qui se trouve en vente chez l'éditeur de l'Office.

Nous adressons nos remerciements aux Administrateurs de l'Inscription Maritime qui ont bien voulu nous fournir, pour chaque quartier et pour chaque région, les chiffres dont l'ensemble figure dans la présente publication.

Le Directeur.

DISTRIBUTION DES LIEUX DE PÊCHE

(Convention Internationale)

Région I. **Côte Mourmane.**
Limite W : 26° E.
(Cette région ne figure pas sur la carte).

Région II. **Côtes de Norvège.**
Limite E : 26° E.
Limite S : 62° N.

Région III. **Mer Baltique et Détroits danois.**
Limite W : 8° E. jusqu'au 57° N.
Limite S : 57° N. du 8° E. au Danemark.

Région IV. **Mer du Nord.**
Limite N : 62° N.
Limite S : 51° N.
Limite E : 8° E. jusqu'au 57° N. et 57° N. du 8° E.
du Danemark.
Limite W : 4° W.

IV a) *Partie Septentrionale*
Du 62° N. au 57° 30 N.

IV b) *Partie Moyenne*
Du 57°30 au 54° N.

IV c) *Partie Méridionale*
Du 54° N. au 51° N.

Région V. **Islande et Feroë.**
V a) *Islande*
Limite N : 68° N.
Limite S : 62° N. jusqu'au 15° W.
et 63° N. du 15° W. au 11° W.

        Limite W : 27° W.
        Limite E : 11° W. du 68° N. au 63° N.
               et 15° W. du 63° N. au 62° N.

V. b) *Feroë*

        Limite N : 63° N.
        Limite S : 60° N.
        Limite W : 15° W.
        Limite E :   4° W. du 63° N. au 60° 30 N.
               et 5° W. du 60° 30 N. au 60° N.

RÉGION VI.   **Ouest-Ecosse et Rockall.**

        Limite N : 60° N. du 18° W. au 5° W.
               et 60° 30 N. du 5° W. au 4° W.
        Limite S : 54° 30 N. du 18° W. à l'Irlande.
               et 55° N. entre l'Irlande et l'Ecosse.
        Limite W : 18° W.
        Limite E :   4° W.

VI a) *Ouest-Ecosse*

        Limite E :   4° W.
        Limite W : 12° W.

VI b) *Rockall*

        Limite E : 12° W.
        Limite W : 18° W.

RÉGION VII.   **Manche, Mer d'Irlande et S-O. des Iles Britanniques.**

        Limite N : 54° 30 N. du 18° W. à l'Irlande.
               et 55° N. entre l'Irlande et l'Ecosse.
        Limite S : 48° N.
        Limite E : 51° N.
        Limite W : 18° W.

VII a) *Mer d'Irlande*

        Limite N : 55° N.
        Limite S : 52° N.

VII b) *Ouest-Irlande*

        Limite N : 54° 30 N.
        Limite S : 52° 30 N.
        Limite W : 12° W.

VII c) *Banc Porcupine*

        Limite N : 54° 30 N.
        Limite S : 52° 30 N.
        Limite W : 18° W.
        Limite E : 12° W.

VII d) *Manche Orientale*
    Limite N. et E. 51° N.
    Limite W. : 2° W.

VII e) *Manche Occidentale*
    Limite N. : 50° N.
    Limite S. : 48° N.
    Limite E. : 2° W.
    Limite W. : 7° W. du 50° N. au 49° 30 N.
        et 5° W. du 49° 30 N. au 48° N.

VII f) *Canal de Bristol*
    Limite N. : 51° N. du 5° W. au 6° W.
        et 50° 30 N. du 6° W. au 7° W.
    Limite W. : 5° W. du Pays de Galles au 51° N.
        6° W. du 51° N. au 50° 30 N.
        7° W. du 50° 30 N. au 50° N.
    Limite S. : 50° N.

VII g) *Sud-Est de l'Irlande*
    Limite N. : 52° N.
    Limite E. : la limite ouest de VII f.
    Limite S. : 50° N.
    Limite W. : 9° W.

VII h) *Petite Sole*
    Limite N. : 50° N.
    Limite S. : 48° N.
    Limite E. : 7° W. du 50° N. au 49° 30 N.
        et 5° W. du 49° 30 N. au 48° N.
    Limite W. : 9° W.

VII j) *Grande sole*
    Limite N. : 52° 30 N.
    Limite S. : 48° N.
    Limite E. : 9° W.
    Limite W. : 18° W.

VII k) *Ouest de la Grande Sole*
    Limite N. : 52° 30 N.
    Limite S. : 48° N.
    Limite E. : 12° W.
    Limite W. : 18° W.

RÉGION VIII. **Golfe de Gascogne**.
    Limite N. : 48° N.
    Limite S. : 43° N.

VIII a) *Côte Sud de Bretagne*
Limite N : 48° N.
Limite S : 46° N.
Limite W : la pente du plateau continental.

VIII b) *Côte française du Golfe de Gascogne*
Limite N : 46° N.
Limite W : la pente du plateau continental.

VIII c) *Côte espagnole du Golfe de Gascogne*
Limite N : 44° 30 N.
Limite S : 43° N.
Limite W : 11° W.
Limite E : 2° W.

VIII d) *Golfe de Gascogne (eau profonde)*
Limite E : le bord du plateau continental.
Limite N : 48° N.
Limite S : 44° 30 N.
Limite W : 11° W.

VIII e) *Ouest du Golfe de Gascogne*
Limite N : 48° N.
Limite S : 43° N.
Limite E : 11° W.
Limite W : 18° W.

Région IX. **Côtes du Portugal.**
Limite N : 43° N.
Limite S : 36° N.
Limite W : 18° W.
Limite E : 6° W.

IX a) *Côte de Portugal*
Limite W : 11° W.

IX b) *Ouest des Côtes de Portugal*
Limite W : 18° W.
Limite E : 11° W.

Région X. **Côtes du Maroc et Madère.**
Limite N : 36° N.
Limite S : 30° N.
Limite W : 20° W.
Limite E : 6° W.

X a) *Maroc*
Limite W : 11° W.

X b) *Madère*
Limite E : 11° W.
Limite W : 20° W.

RÉGION XI. **Côtes de Mauritanie.**
Limite N : 30° N.
Limite S : 18° N.
Limite W : 20° W.

XI a) *Iles Canaries*
Limite N : 30° N.
Limite S : 26° N.

XI b) *Côte de Mauritanie*
Limite N : 26° N.
Limite S : 18° N.

RÉGION XII. **Sénégal et Guinée.**
Limite N : 18° N.
Limite S : Equateur.
Limite W : 20° W.

XII a) *Sénégal*
Limite N : 18° N.
Limite S : 10° N.

XII b) *Golfe de Guinée*
Limite N : 10° N.
Limite S : Equateur.

RÉGION XIII. **Méditerranée.**
Limite W : 6° W.

RÉGION XIV. **Banc de Terre-Neuve.**

DÉSIGNATION des PRODUITS PÊCHÉS	DÉSIGNATION DES RÉGIONS				
	IV a	IV b	IV c	V a	V b
Morue			122.200	2.155.200	
Eglefin ou Anon					
Merlu					
Turbot et Barbue	7.450		244.700		
Dorade					
Plie		12.000	143.100		
Sole			321.300		
Congre			12.100		
Raie			304.200		
Mulet					
Bar			500		
Hareng	3.950.700	2.252.650	16.352.500		
Maquereau			176.000		
Merlan		935.500			
Sardine					
Sprat					
Anchois					
Thon blanc					
Thon rouge	23.200	62.000	31.200		
Squales et Chiens			92.500		
Homard			500		
Langouste					
Langouste verte					
Poissons divers			278.900		

DÉSIGNATION des PRODUITS PÊCHÉS	DÉSIGNATION DES RÉGIONS				
	VI a	VI b			
Morue					
Eglefin ou Anon	7.000	2.200			
Merlu					
Turbot et barbue					
Dorade					
Plie					
Sole					
Congre					
Raie					
Mulet					
Bar					
Hareng					
Maquereau					
Merlan					
Sardine					
Sprat					
Anchois					
Thon blanc					
Thon rouge					
Squales et Chiens					
Homard					
Langouste	500				
Langouste verte					
Poissons divers					

DÉSIGNATION des PRODUITS PÊCHÉS	DÉSIGNATION DES RÉGIONS				
	VII a	VII b	VII c	VII d	VII e
Morue				578.700	231.900
Églefin ou Anon					
Merlu		545.500	11.000	42.200	60.200
Turbot et Barbue				376.300	58.400
Dorade				3.700	3.400
Plie			33.000	795.000	105.500
Sole				217.200	55.300
Congre				118.900	439.700
Raie		48.600		1.526.000	714.600
Mulet				10.900	70.500
Bar				8.500	18.400
Hareng			301.900	12.883.700	
Maquereau	217.100			1.082.200	1.245.400
Merlan				1.246.800	105.500
Sardine					18.863
Sprat				387.100	
Anchois				32.800	
Thon blanc					
Thon rouge				100	
Squales et Chiens				171.000	91.100
Homard		37.800		17.100	128.200
Langouste		24.100			214.000
Langouste verte					
Poissons divers		10.500		1.577.000	870.800

DÉSIGNATION des PRODUITS PÊCHÉS	DÉSIGNATION DES RÉGIONS				
	VII f	VII g	VII h	VII j	VII k
Morue.	132.000	19.000	9.000		
Eglefin ou Anon.					
Merlu.			1.704.500	906.000	735.000
Turbot et Barbue.	9.500	11.000	12.000	700	
Dorade.				72.500	16.200
Plie.	16.000		7.000	2.500	
Sole.	4.500		3.100	1.500	
Congre.	11.000		2.800	700	
Raie.	130.000	83.000	953.300	562.200	53.400
Mulet.					
Bar.	200				
Hareng.	280.000	2.960.840		500	
Maquereau.	419.900	693.800	67.300		
Merlan.	352.400		17.000		18.700
Sardine.					
Sprat.					
Anchois.					
Thon blanc.			59.700	813.000	1.900
Thon rouge.				»	
Squales et Chiens.	42.000	»	»	»	»
Homard.	7.500	»	124.200	7.000	»
Langouste.	45.000	»	55.600	25.000	»
Langouste verte.	»	»	»	»	
Poissons divers.	310.000	»	2.165.800	1.775.000	193.400

DÉSIGNATION des PRODUITS PÊCHÉS	DÉSIGNATION DES RÉGIONS				
	VIII a	VIII b	VIII c	VIII d	VIII e
Morue					
Eglefin ou Anon					
Merlu	121.500	90.900		672.000	
Turbot et Barbue	19.800	13.400			
Dorade		5.000			
Plie	68.000	123.200		.500	
Sole	440.000	254.400		2.150	
Congre	92.500	1.275			
Raie	541.300	239.900		116.900	
Mulet	43.600	19.100			
Bar	3.300	13.000			
Hareng	451.800				
Maquereau	1.284.500	542.000			
Merlan	1.188.200	582.800		5.200	
Sardine	252.780	96.393			
Sprat	14.000				
Anchois	59.600				
Thon blanc	571.600	21.600	211.600	3.764.200	670.600
Thon rouge	3.000	165.500			
Squales et Chiens		200			
Homard	286.800	44.200	3.000		
Langouste	164.900	75.100	12.000		
Langouste verte					
Poissons divers	942.400	1.653.200	299.500		270.000

DESIGNATION des PRODUITS PÊCHÉS	DÉSIGNATION DES RÉGIONS				
	IX a	IX b	X a	X b	XI a
Morue					
Eglefin ou Anon					
Merlu		780.100	945.200		307.000
Turbot et Barbue					
Dorade					
Plie					
Sole					
Congre					
Raie	15.250	64.500	43.820		
Mulet					
Bar					
Hareng					
Maquereau					
Merlan					
Sardine					
Sprat					
Anchois					
Thon blanc					
Thon rouge					
Squales et Chiens					
Homard	7.200				
Langouste	43.700				
Langouste verte					25.000
Poissons divers	1.900.000	225.000	215.500		224.500

DÉSIGNATION des PRODUITS PÊCHÉS	DÉSIGNATION DES RÉGIONS				
	XI b	XII a	XII b	XIII	XIV
Morue.					42.533.100
Eglefin ou Anon.					377.500
Merlu.				10.800	
Turbot et barbue.				13.900	
Dorade				11.400	
Plie.				21.400	
Sole.				137.300	
Congre				96.100	
Raie.				252.500	
Mulet.				259.900	
Bar.				53.100	
Hareng				»	
Maquereau.				804.400	
Merlan				741.000	
Sardine				332,930	
Sprat				120.400	
Anchois				511.700	
Thon blanc.				7.900	
Thon rouge.				276.200	
Squales et Chiens.				20.900	
Homards.				2.000	
Langouste				56.300	
Langouste verte	28.600	25.200	24.500		
Poissons divers.				2.884.600	

Ed. Blondel La Rougery — Paris

www.ingramcontent.com/pod-product-compliance
Lightning Source LLC
LaVergne TN
LVHW021059050726
842519LV00005B/1726